根

以讀者爲其根本

莖

用生活來做支撐

引發思考或功用

獲取效益或趣味

李明川
時尚大師的私人裝扮密技
Party
盛妝密碼

愛麗絲 IRIS

李明川party盛妝密碼

作　　者：李明川
出 版 者：葉子出版股份有限公司
發 行 人：宋宏智
企劃主編：林淑雯
行銷企劃：汪君瑜
責任編輯：洪崇耀
美術編輯：引線視覺設計有限公司
封面設計：引線視覺設計有限公司
印　　務：許鈞棋
專案行銷：張曜鐘・林欣穎・吳惠娟
地　　址：台北市新生南路三段88號7樓之3
電　　話：（02）2363-5748　傳　真：（02）2366-0313
讀者服務信箱：service@ycrc.com.tw
網　　址：http://www.ycrc.com.tw
郵撥帳號：19735365　戶　名：葉忠賢
印　　刷：鼎易印刷事業股份有限公司
法律顧問：北辰著作權事務所
初版一刷：2005年3月　新台幣：280元
ISBN：986-7609-48-4

國家圖書館出版品預行編目資料

李明川party盛妝密碼
李明川著作. 初版 臺北市：葉子,
2005[民94]　面；　公分
ISBN 986-7609-48-4(平裝)

192.31　93021557

總　經　銷：揚智文化事業股份有限公司
地　　　址：台北市新生南路三段88號5樓之6
電　　　話：（02）23660309
傳　　　真：（02）23660310

推薦序

很多女人都跟我一樣有著：「衣櫃裡總是少一件衣服！」的迷思，每次要參加派對或是重要活動的時候，我恨不得可以把造型師直接搬到家裡來幫我決定要穿些什麼或是要戴些什麼之類的，不然就是一定要弄到最後一刻才出得了門！

我認識的明川是演藝圈當很搶手的造型師，不但會化妝髮型，還擅長服裝造型，完全是一個全方位的造型師，看他的書可以讓我們這些愛美的女性輕鬆學會怎樣打理造型，也可以馬上破除少一件衣服的迷思，因為會發現搭配造型其實很簡單！

洪曉蕾

Party code

自序

這幾年瘋狂流行的「派對文化」，從報章雜誌一天到晚都可以看到藝人名媛們打扮美美地接受訪問，再看看周遭朋友總有趕不完的場子，甚至只要有國外知名DJ來台表演都會造成廣大電音迷口耳相傳，於是大家開始知道要重視打扮自己，不同的派對場合都應該做出不一樣的穿著打扮，才不至於讓自己成為派對中的時尚怪物。

每次人家問我，要怎樣在派對場合成為焦點？我都會笑說：水鑽、流蘇、亮片不能少！沒錯，就是掌握讓自己發光發亮的質材，十拿九穩地就可以成為派對寵兒，當然衣服的材質也必須被考慮，因為有些時候，衣服材質如果不對，整體造型的感覺就會天差地遠，當然化妝髮型的搭配也是成功派對造型的要訣，我常常在一些場合看到那些名媛們，髮型過於呆板，導致於不管穿什麼類型的服裝都流於庸俗的感覺，非常之可惜！

在這本書中，我幫大家分門別類所有派對的差別，讓你在選擇服裝造型上也有不同的方向，特別強調的化妝髮型可以讓大家有一些提綱挈領的提示，搭配的鞋子也多所介紹就是要讓大家明白，造型應該是整體的，除了服裝外，那些小配件也不容忽視，最後也介紹一些在本地比較新鮮的品牌，那些在國際時尚舞台已經受到認可的新穎品牌，讓大家不是只沈迷在所謂名牌的迷思當中，讓大家在選擇指標性品牌時能有更多的選擇。

要學會穿的好看很容易，但要學會在對的時候穿對的衣服很難，我從事造型工作多年，經過各種訓練之後，慢慢地體會出這些道理，在此跟大家分享，也希望大家在吸收消化之後，能夠起而行，讓自己成為真正的派對造型達人唷！

三、派對做什麼

四、派對弄什麼

五、派對搭什麼

六、派對買什麼

What to dress
派對穿什麼

Theme
party
ROOKLY
01

★**主題式派對** 這是現在很多年輕人都會選擇的派對形式，不管是生日派對、畢業舞會、單身之夜等，多少都會設定主題來讓派對更加有趣，當然這也必須賓主雙方都配合演出，不然就會失去主題派對的樂趣，這樣的主題派對多半在比較隱私的場所舉辦，譬如飯店、KTV、餐廳包廂等等，所以克服了場地的問題，讓妳不會在造型上尷尬，不如就盡性演出吧！

Theme
Party

制服派對

Uniform

這是人氣最旺的主題派對形式。「制服」通常會讓人有莫名的幻想，尤其當大家離開學校以後就會特別緬懷學生生活，因此學生制服通常是大家的首選，而日本高校生制服更是讓大家陶醉不已，包括女生的水手服還有男生的黑色中山裝，都成為指標性的扮裝造型。再來就是職業制服的選擇，像護士跟軍警更是大家夢寐以求的職業造型選項，當然也因為職業的制服很好看有關，另外，像是啦啦隊服、跆拳道服、空服員、電梯服務員等都是名列前茅的夢幻制服造型。

Theme Party

睡衣派對

Pajama

通常這種派對較私密，大部分的來賓都是跟自己很熟的朋友，畢竟要穿上睡衣見人，沒有一定的交情還是會怪怪的，尤其穿著性感睡衣的時候，更容易讓人尷尬。在質材的選擇上，絲質較容易表現性感，但避免太多蕾絲花邊，以免淪為賣弄風情之嫌，大面積的裝飾物，讓妳不但有睡衣派對的精神，又可以使造型與衆不同。當然妳也可以選擇可愛的睡衣，讓妳重溫舊夢；經典傳奇的卡通人物是最不會出錯的，也可以搭配整體造型，做個可愛的髮型或化個甜到出汁的可愛妝彩。

Theme
Party

扮裝派對
Masquerade

這種派對最常在年終尾牙時出現，除了讓公司同仁可以聚在一起，也可讓同事之間輕鬆一下，在這樣的場合中，適時地犧牲色相扮扮電影裡的角色肯定能增加娛樂性喔！扮裝派對通常會以經典電影造型為設計，「霹靂嬌娃」、「貓女」、「金法尤物」、「追殺比爾」都是很熱門的，或像港式輕鬆喜劇「金雞」也造成一股模仿風潮，有的還會扮日韓暢銷鬼片造型，像「七夜怪談」等都是讓大家想扮裝的角色，當然如果妳想扮裝得更成功，除了模仿之外，最好也揣摩電影角色的性格，說不定還可以因此跟老闆多拿到幾個紅包唷！

Theme
Party

復古派對

Reactive

不論是夜上海時代或十九世紀維多利亞年代，那種感覺優雅又別具風情的造型就是復古派對要呈現的氛圍，通常要從服裝年代開始考究，甚至包括化妝跟髮型都該一應俱全，這樣才更有派對氣氛，建議先上網查一下時代背景，當然妳也可以讓復古元素大融合，把每個年代的流行壓縮在同款造型上，這樣也讓妳的派對造型出奇制勝，通常最受大家歡迎的應該還是「上海之夜」，還有所謂「黑狗兄之夜」、「阿哥哥之夜」、「希臘戰神之夜」等等。

Brand
party

★**品牌派對** 現在幾乎每一家品牌都會在換季的時候舉行品牌發表會，不管是在飯店的宴會廳或是一些餐廳酒吧，有的還會特別選一些名勝古蹟或別具風情的表演場所來舉行發表會，而事實上，參加這些發表會的，除了媒體記者之外，很多品牌還會邀約所謂品牌貴賓來共襄盛舉，當然也會有讓一般民衆參與的發表會，而這個單元就是要教大家如何輕鬆擠身上流社會的造型祕訣。

Brand
Party

午茶派對

High Tea

一般來說，在下午舉行的發表會大多是針對媒體所舉辦的，不然就會是那種稱做「Trunk提箱秀」，在高級訂製服的發表上很多都會有這種發表會，就是那種可以讓妳直接下訂單，然後直接把衣服帶走，或是接受預定的，像chanel或一些國內設計師，每一季都會舉辦這樣的發表會，百貨公司也會邀請所謂消費大戶來參加類似的發表會。這樣的發表會，除了針對品牌做搭配之外，還是建議大家要以比較端莊穩重的造型出現，畢竟時間是在下午時分，配色偏暖色調或純色較適合，而款式上建議是輕便的套裝或單件式洋裝，配件可選擇珍珠類飾品，以期表現出優雅形象的裝扮為主，不需要過分誇張的穿著會是這樣發表會的最佳造型。

High tea

1 tweedy設計是經典款式，運用輕薄的布料更是創新設計／范怡文

3 印花圖案的襯衫讓本來硬邦邦的設計女性化，顏色的協調讓服裝更具特色／Tara Jarmon

5 黑色緹花馬甲上衣搭配牛仔褲有一種貴婦的輕鬆感／Baiter

6 布料的拼接讓服裝語言更豐富，穿搭上可以有不同風情／范怡文

2 紅色是很喜氣的顏色，復古外套的剪裁讓妳有老式電影的情懷／范怡文

4 神祕的黑色可以讓妳看起來更加迷人，拉鍊設計更凸顯女人曲線／范怡文

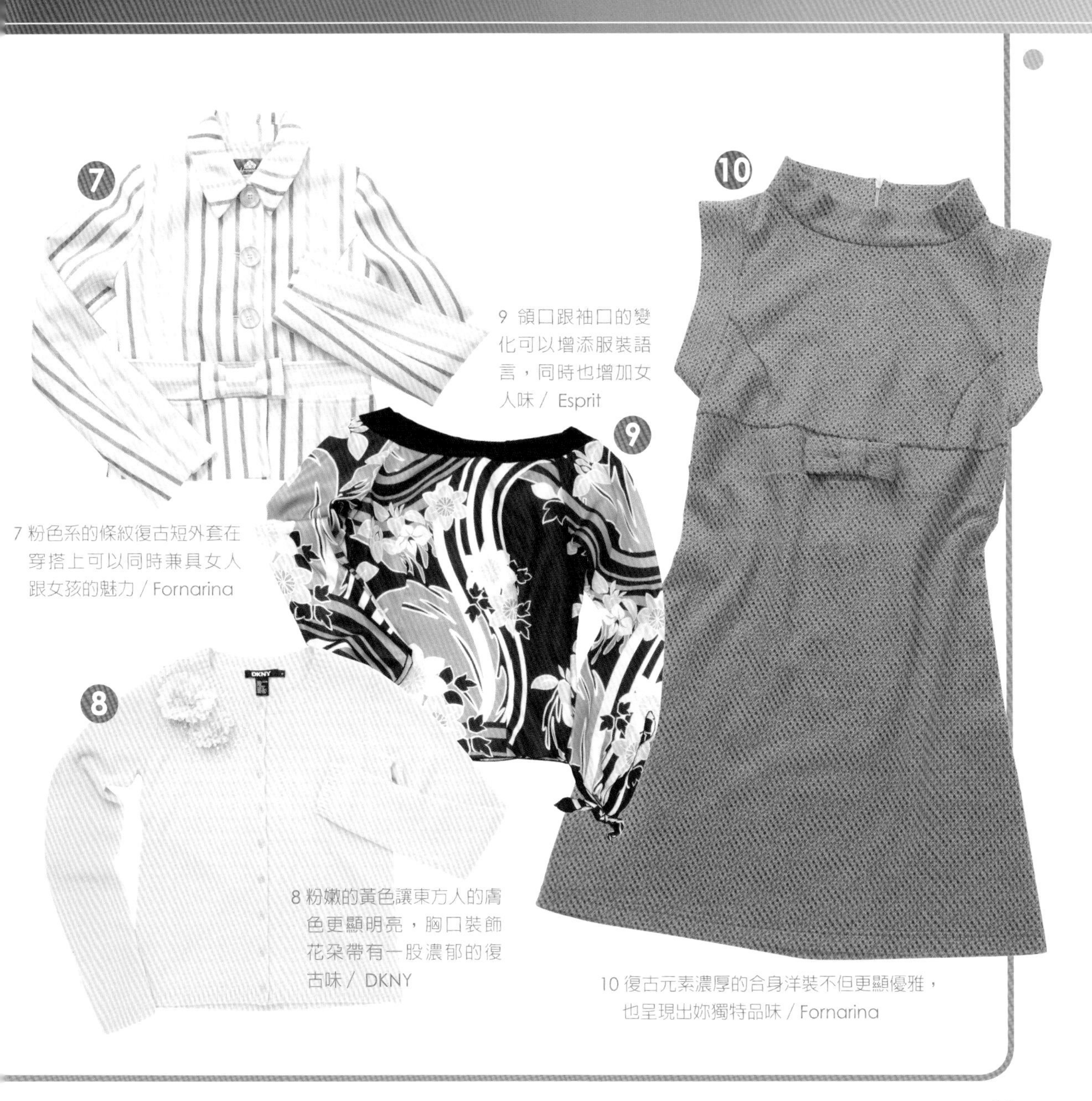

7 粉色系的條紋復古短外套在穿搭上可以同時兼具女人跟女孩的魅力 / Fornarina

8 粉嫩的黃色讓東方人的膚色更顯明亮，胸口裝飾花朵帶有一股濃郁的復古味 / DKNY

9 領口跟袖口的變化可以增添服裝語言，同時也增加女人味 / Esprit

10 復古元素濃厚的合身洋裝不但更顯優雅，也呈現出妳獨特品味 / Fornarina

BIANCO 范怡文

這是由知名歌手范怡文所自創的服裝品牌，以「BIANCO 范怡文」為名，包括有三條不同風格的服裝品牌，以現代女性著裝需求出發，發展「實穿主義」哲學，主要精神在於兼顧現在職場女性所需的多樣化跟機能性，所以在一般派對造型上也深受歡迎，滿足女性在上班下班變裝的樂趣，有時只要加個配件或單品就可以輕鬆創造出時尚感。

「BIANCO 范怡文」每一季都會針對流行趨勢整理出色彩的流行性，讓你在搭配上只要掌握重點色就可以變化出多款迷人風情，尤其是一些明星單品，包括針織類的單品，還有休閒式的套裝都是讓大家可以表現出優雅而又充滿個性的品味，「BIANCO 范怡文」目前已經成功地進入內地市場，甚至也開始進軍國際世界的流行舞台，將特有的服裝品牌精神融入各地愛美的名媛仕女生活中。

High tea

這是一個在短時間內成為歐美最火紅的法國品牌，一個以設計師Tara Jarmon為品牌名稱，設計師本人曾經是紅極一時的時尚名模，所以她能夠準確地掌握女人對於服裝上的種種需求，強調要兼具流行性跟實穿性，更要融合美感跟質感的Tara Jarmon在創作時最重要的靈感來源是布料，尤其是印花布料更是Tara Jarmon的最愛，每一季我們都可以看到「Tara Jarmon」推出一系列印花洋裝或各類單品，也因為這樣的印花洋裝讓「Tara Jarmon」成為都會女性在表現優雅風情時的最佳選擇。

「Tara Jarmon」的服裝裡常出現各類的粉色系，這樣的色調也會讓女人能夠呈現出柔美溫婉的女性特質，當然除了招牌明星商品「洋裝」之外，「Tara Jarmon」也擅長創造剪裁俐落的套裝風格，因為這樣才更能讓女性與生俱來的身材線條表露無遺，所以一般在選擇參加午宴或是品牌發表會就可以選擇像「Tara Jarmon」這樣獨具特色的品牌。

Tara Jarmon

Brand
Party

晚宴

現在還有很多品牌，會先在下午舉行媒體發表會，然後到了晚上再舉行品牌的派對，一般都會把下午的發表會再精華重現一遍，讓大家可以再感受一下品牌的精神，所以到了晚上的派對就不只邀請媒體記者，還會有很多藝人或名人出席，當然也會有很多型男型女一起參與，所以晚上的派對，就可以把一些比較誇張的衣服配件穿上，或是依造品牌派對所發出的「dressing code」做適當的打扮，這點可能很多朋友會比較不注意，但事實上很多品牌派對都會設計「dressing code」，這是對品牌的尊重也是對派對的尊重，這種晚上的派對是從有一年LV在圓山俱樂部舉辦，才帶起台灣這類活動的風潮。

Banquet

1 牛仔褲一直是搭配上的好幫手，加上華麗的元素馬上讓服裝變樣／范怡文

2 皮毛的流行帶動消費市場的接受度，搭配使用可以讓妳整體造型落落大方／Esprit

4 特有的圖騰符號性加上女人味的服裝剪裁輕鬆讓妳成為焦點／Tara Jarmon

3 充滿野性風情的豹紋圖案也可以很甜美，小巧的提包在派對上會小兵立大功／ Baiter

5 休閒式的提包在晚上的派對中有一種輕鬆自在的感覺／Puma

7 奢華風格的表現從配件上也可以表露無遺，流蘇羽毛最容易表現華麗風／范怡文

9 一件式洋裝通常很難變化，加上拉鍊可以幫助款式的變化／范怡文

6 V字領的上衣設計讓妳的女性風情得以展露，搭配褲裝呈現一種女性自主的性感／ AX

8 粉色百褶裙搭配上可以有多樣選擇，高領或是圓領都可以呈現出都會女性特質／Esprit

Banquet

美式風格明確的DKNY，雖然是設計師Donna Karan的副牌，但她卻一直是大家心目中派對造型的第一選擇，不管妳是要剪裁質感很好的洋裝或是要略具設計感的上衣，在DKNY產品線上，妳可以全然優雅女性風，也可以嘗試多層次的混搭風格，甚至妳想要一點時尚雅痞的感覺，都可以很輕鬆在DKNY找到妳要的，DKNY強調美式極簡風格，不過相較之下，她比其他品牌又多了點流行感，所謂美式風格，尤其是紐約風格，最經典的當然是黑色系，不過DKNY有很多充滿活力的綠色或黃色系，還有一些大地色系也是DKNY經常使用的顏色，這樣的色系在穿搭上可以多一點活潑俏麗的感覺，所以只要妳選對色系，不管是怎樣的服裝剪裁都可以讓女人的年齡祕密永不被破滅，顏色之於服裝，可以有很多的符號性，剪裁之於服裝，更是表現品味的方式，DKNY一貫線條簡單卻又有設計感，款式成熟中又帶點詼諧，單品風格呈現多樣化，穿搭上也可以有各式風情，這就是DKNY。

DKNY

Banquet

現在已經將服裝版圖跨入高級訂製婚紗市場的黃淑琦，是本地少見成功將市場需求跟設計風格融為一起的設計師品牌，服裝風格以強調女性線條跟女人獨特的質感表現，以華麗、浪漫、俐落跟性感為主要設計風格，重視手工藝術以及細部變化，在服裝材質上也多有突破性的運用，色系上除了神祕必備的黑色系之外，黃淑琦還經常性地使用粉色系，讓女人應有的柔媚特質表露無遺，因此在本地設計師中獨樹一格，有「極度女人」的稱謂，包括在剪裁上，黃淑琦都會特別注意到如何成功表現出女人的性感曲線卻不會有穿幫走光的疑慮，這是一般設計師在創造風格時常常會忽略到的問題。

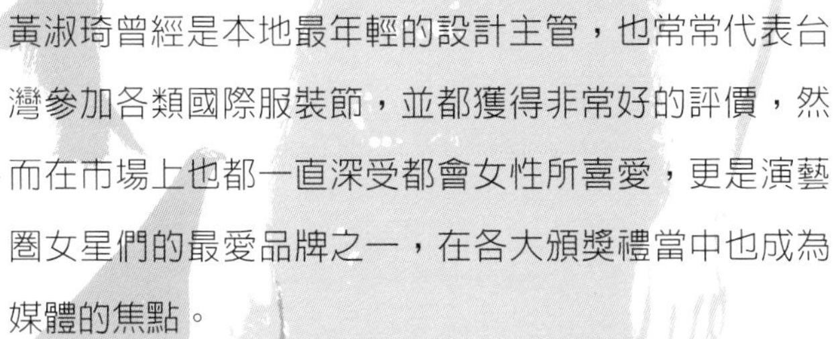

黃淑琦曾經是本地最年輕的設計主管，也常常代表台灣參加各類國際服裝節，並都獲得非常好的評價，然而在市場上也都一直深受都會女性所喜愛，更是演藝圈女星們的最愛品牌之一，在各大頒獎禮當中也成為媒體的焦點。

黃淑琦

Night pub
party

★**夜店派對** 現在的夜店文化相當發達，延伸出來的就是會有更多人懂得如何打扮自己，而且現在的夜店不像從前那樣單調，現在的夜店是有主題式的，在室內風格上就已經會有明顯區分，再來音樂上也會有讓人驚艷的享受，服裝造型上也要針對不同的夜店風格有所區隔。

Night
pub
Party

沙發 Lounge bar

這類型的夜店是近幾年突然衍生出來的形式，多以單一色調作為室內風格的基調，音樂也較舒服輕鬆，為的就是要讓一般上班族可以在這理放鬆他們的工作壓力，柔軟的沙發座椅讓人不禁有回家的感覺，因此在服裝上，以維持上班族的穿著風格，再搭配上一些配件，譬如耳環或腰飾等，來呈現出跟上班時截然不同的風情，當然也可以用單件式洋裝做為優先考慮，因為單件式洋裝在搭配上可亦莊亦諧，例如加上西裝外套就可以跟上班族，單穿洋裝則是可以表現出俐落性感的女人味，然而在這樣的場所，並不建議超短裙造型，因為這樣的夜店通常在座位的安排上都是比較低的，所以穿短裙恐怕會有走光的疑慮。

Lounge bar

1 圖案特別或是設計感超強的配件，可以讓造型的焦點轉移也可以幫助變裝／ZARA

2 手工繡花的手提包讓妳在搭配上有東方味，可以搭配一身牛仔勁裝更能凸顯品味

3 高領條紋上衣本來在服裝上就是比較少見的設計，顏色搭配上也呈現出都會感／法國娃娃

4 拉鍊一直是屬於偏向中性服裝的風格，在胸前做拉鍊設計反而變成性感的象徵／AX

5 胸前圖騰可以讓妳看起來饒富趣味，但相對款式上卻是屬於保守型／法國娃娃

6 迷你小披肩是這兩年異軍突起的配件單品，實穿性強又能幫助造型加分／范怡文

7 帶有亮度的上衣在昏黑的場合會格外引人注意，搭配上無色彩單品絕對成為焦點／ Esprit

8 橘色西裝樣式的皮上衣，讓妳在上班下班之間變裝遊刃有餘／ AX

9 套頭的款式讓妳的氣質更加提升，高雅的咖啡色更能讓妳外型更加出色／Baiter

10 短身夾克在這幾年持續發燒，不但流行性強，搭配上不成問題，更是能達到禦寒功能／Baiter

Lounge bar

Baiter

在消費市場中屢獲佳績，又常常有創新風格出現的本地知名品牌「Baiter」不僅以永遠給人年輕與快樂、不斷地創新、締造流行為品牌訴求重點，每一季「Baiter」總會讓消費者有超乎想像的驚喜，並持續將這樣的潮流風格與世界接軌，讓大家可以盡情享受時尚無國籍的樂趣，品牌訴求要讓生活饒富趣味，多變化的時尚品味，然後融入在消費者的生活當中，讓每個人都可以在舉手投足中散發個人魅力。

「Baiter」想要呈現出女人的吸引力來自剛柔並濟風格，加上大膽前衛的服裝語言，傳達出個性化的摩登美學，一直以來「Baiter」可多樣搭配的服裝單品讓很多女生荷包裡的錢是花得很划算，因為每一件單品的搭配性都很高，所以在變裝上也是大家能夠輕鬆上手的選擇，同一品牌還有一個專走東方風情的「ZAX」更是讓年輕女孩為之瘋狂。

Lounge bar

相信「Esprit」是陪著很多人走過學生時代的服裝品牌，創立多年都以活潑開朗，朝氣蓬勃的形象在服裝界立下不朽的地位，「Esprit」的品牌精神就是年輕、充滿活力、聰穎、求知慾強、有責任感，專門吸引一些對服裝潮流敏銳又對時尚活躍的人，所以「Esprit」的品牌概念是在乎心態而非在意年齡，所以你會發現「Esprit」是不分男女老少都會喜歡的，剪裁簡單有型，流行元素豐富，質料舒服耐穿，這些都是「Esprit」的特點，其中品牌分為幾個不同的路線，讓你在穿搭上可以一目了然，不管是在上班穿，或逛街穿，包括在派對上穿都可以有很好的效果，尤其對都會性很強的時尚女性更是不可或缺的造型良伴，顏色上大都以無色彩跟濁色調為主，搭配彩度比較高的單品都會有不錯的效果。

Esprit

Night
pub
Party

迪斯可 Disco pub

這樣的夜店應該還是一般主流形式的夜店，能夠提供大多數曠男怨女去發洩精神壓力的地方，在這裡面的裝潢擺飾可能就會多一些會反光的材質，營造出迷幻的環境，讓大家都可以卸下武裝，輕鬆地現自己的身體扭動，所以在這樣的夜店，我會建議大家選擇可以展現身材曲線的服裝，不管是妳迷人的鎖骨或是修長的雙腿，都可以讓妳成為舞池中的閃耀光芒，當然最好選擇有口袋設計的服裝讓妳在安全上更有保障，因為妳可以把手機、皮夾等物品放在身上，以免發生狀況時，沒能第一時刻解決。

Disco pub

1 幾何圖形一直是流行舞台不可或缺的圖案，復古設計更是迪斯可精神代表 / Miss Sixty

2 帶有光澤感的絨布讓你在燈光下成為焦點 / Baiter

3 塗鴉式的單品本來就充滿戲謔效果，在舞池擺動身體效果極佳 / Baiter

4 由希爾頓姊妹領導流行的 LA look 持續發燒 / miss sixty

5 這是展現好身材的基本利器，這樣的款式可以讓妳看起來波濤洶湧 / 法國娃娃

7 搶眼的寶藍色加上不規則設計，搭配牛仔褲就可以豔冠群芳 / 法國娃娃

6 美式詼諧風格的燕尾服背心，在傳達性感指數有一種莫名的快感 / AX

8 設計愈來愈流行的運動品牌，不但讓運動時尚化也讓時尚生活化 / Puma

10 會發光材質是迪斯可最重要的流行元素，選擇配件來表現是高招之一 / miss sixty

5 抽繩設計讓妳的身形更加迷人，黃色又是很精神的顏色 / miss sixty

提到Miss Sixty，我相信大家都不陌生，她特有的色彩語言跟復古款式都是Miss sixty讓大家愛不釋手的的原因，更是讓女明星毫無招架力的年輕品牌，這個來自義大利的品牌是由設計師Vicky Hassan跟她的夥伴Reato Rossi所合作生產的品牌，在1984年正式出現在義大利的市場上並掀起一股品牌新勢力，同公司裡包括男裝品牌Energie，由設計師主導的設計團隊以Art in Jeans為品牌設計理想與目標，當然牛仔系列也是一種在市場上不退流行的經典，創造潮流的材質結合運用，完成品牌在市場的堅持。

Miss Sixty在1991年正式量產上市，以60年代的穿著特色為設計主軸，強調女性特質的剪裁風格以及趣味性的圖案呈現，創造出Miss Sixty專屬的二十一世紀60風，混搭風格也是Miss Sixty很重要的品牌精神，包括顏色的混搭；材質的混搭；顏色的混搭，都表現出Miss Sixty大膽有創意的迷人魅力，因此絕對是妳要展現誘人曲線跟個人吸引力的第一選擇。

Disco pub

Armani Exchange 不僅僅創造宣言，更從多個角度開創時裝的境界，她是都會年輕人的呼聲也是大家接觸Giorgio Armani的開始，極具創意且搭配多樣是A｜X的特色，服裝風格呈現高格調又不媚俗，絕對性感卻不低俗，前衛中又帶著優雅，非常時尚卻不高傲，領導流行趨勢但不特別誇張，剪裁上有一定的水準，都非常能夠呈現Armani家族的獨特魅力，

Armani Exchange

A｜X雖然是一個世界性的品牌，可是在推崇民族文化精神上卻相當不遺餘力，常常會有一些讓人讚嘆的單品出現，這幾季特別凸顯街頭風格的表現，也更讓品牌城市風格化的特色表露無遺，在顏色上更有一些比較大膽的開發，混搭材質上也有很不錯又簡潔俐落的單品出現，A｜X試著要讓都會男女表現出性感的一面，在各種不同場合中都可以呈現出個人的特色，一些塗鴉式的T恤跟合身的上衣是很值得投資的單品，好搭配又不會有季節性的問題。

Night
pub
Party
26
01

嘻哈 Hip-hop night

這是現在年輕人最當紅的音樂類型，所以有一些夜店也就順勢發展出專門播放嘻哈舞曲的音樂，如此一來不但吸引年輕有活力的族群，更讓那些平常致力街頭文化的有型人士有展現品味的地方，其實hip-hop精神就是做自己，所以在造型上，強調個人風格特色是很重要的，嘻哈元素包括寬鬆運動服以及塗鴉文化的上衣等，絨布材質也是不可或缺的選擇，但更重要的是在配件的選擇可以有很多華麗的元素，甚至還有帽子、頭巾等等，顏色上也可以大膽一點，這兩年還流行奢華的嘻哈風，都是可以參考的造型風格。

Hip-hop night

1 嘻哈不是只有寬大的衣服，或是運動風，西裝款式的衣服還能讓你多一些中性的性感 / T5S

2 華麗又實穿的豹紋背心在搭配上可以有多種風格，搭配洋裝也很適合 / Baiter

4 配件是嘻哈風裡最重要的主角，誇張、符號性明顯是嘻哈配件的基本要素 / Miss Sixty

3 筆挺的西裝料也搬上嘻哈風的流行元素，在嘻哈風中不可或缺的亮片材質點綴在褲子上，直接了當地表現出華麗風 / T5S

5 迷你裙一直是展現女性特質的最佳利器，抽繩拉鍊等運動元素更會讓造型充滿活力 / T5S

6 金色最能表現華麗嘻哈風，穿搭上也可以配上紗裙，保證讓你成為大家忌妒的對象／ puma

7 銀色跟白色的組合除了充滿未來感之外，不羈的嘻哈感也很容易表現／ AX

8 復古色彩的運動外套讓妳在穿著上可以做任意搭配，譬如說是最熱門的時尚運動風／ Miss Sixty

9 鍛面材質是這幾年被大量運用的材質之一，光澤度夠是受矚目的原因／ Puma

10 一般來說在搭配上，配件通常會淪為配角，不過一頂有型有款的帽子是整體造型的重點／ Miss Sixty

Hip-hop night

Puma

「Puma」這幾年在時尚界成為一個很另類的品牌，除了是一個長期贊助優秀球員的經典運動品牌，又跟世界各地的知名服裝品牌合作，成功打響了「Puma」在年輕消費市場的名聲，最開始跟「Jil Sander」合作鞋款開始奠定與時尚結合的市場趨勢，一舉成為追逐時尚潮流的人心目中的第一品牌。

當然這幾年持續發燒的時尚運動風，更是讓「Puma」在搭配上有更多的可能性，不單只是休閒裝扮而已，也可以讓你輕鬆打造嘻哈風格，顏色鮮豔大膽，剪裁上突破傳統運動服飾的機能性窠臼，以延續流行風格，同樣還是可以讓你在運動時發揮運動的功能，除了服裝之外，「Puma」的球鞋更是讓時尚男女都人腳一雙，搭配上除了牛仔單品，更可以搭上連身洋裝或是背心小可愛，都可以呈現出一種沒有負擔的性感風。

Hip-hop night

Triple 5 souls

來自紐約的「Triple 5 souls」是目前很受矚目的街頭品牌，從90年代品牌成立之初，當時「Triple 5 souls」發展的地區就是紐約藝術區那帶，於是想當然爾地這個品牌就成為當時熱愛表現自我意識的型男型女中不可或缺的服裝品牌之一，其品牌精神強調獨立自主，所以很多時候你可以從服裝上看到一些文化精神，包括圖案的選擇，還有色彩的表現，當然街頭風那種放蕩不羈的精神在「Triple 5 souls」也很容易就可以略知一二。

雖然現在在世界各地都可以看到「Triple 5 souls」的身影，但事實上很多地方的市場認同度沒有想像中的普遍，因為「Triple 5 souls」有結構的設計總是讓品牌的流行指向領先任何市場調查，跨國與世界各地的設計師合作更是讓「Triple 5 souls」能夠保持不同且多樣的設計原動力。

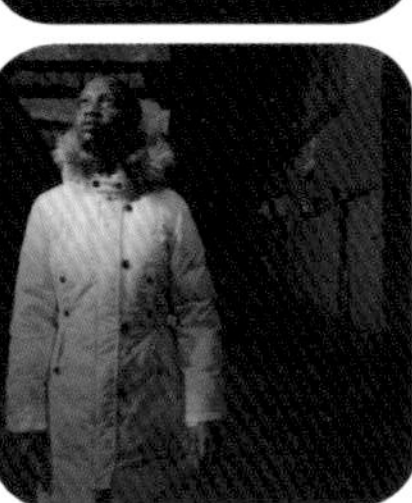

Night
pub
Party

雞尾酒
Cocktail party

在國外常常有這種派對，舉行的時間會是在傍晚的時候，就是那種在電影或影集裡都會看到的，那種會在泳池畔或是大庭園所舉辦的雞尾酒派對，這種派對通常是針對一些有紀念性的日子所舉辦，讓主人跟來賓可以有更多互動的派對，有時候主人也會設定主題來讓參加的人借題發揮造型，不過值得注意的是這樣的派對通常是在戶外舉行，所以在服裝上要注意的是是否可以透氣舒服的，剪裁上也力求簡單一點，顏色也不要挑選過於黯沉的顏色，比較復古明亮的一些色調可以讓妳在派對上成為焦點。

Cocktail party

1 兩袖以蕾絲裝飾，讓本來平淡無奇的上衣變成一件別具風味的單品 / DKNY

2 胸前抓皺設計可以讓妳當場身材變魔鬼，粉色系也是一個很討喜的顏色 / Zax

3 手提包往往會被忽略，加上蝴蝶結的黑色蕾絲手提包很有當年美好時代的發想 / Baiter

4 紗質材質表現正式感是比較容易，做一些拼接處理又可以增加年輕感 / 范怡文

5 典雅的格紋搭上牛仔風，不但有俏麗的感覺又不失正式感 / 法國娃娃

6 腰身明顯的上衣可以讓妳的身材更顯勻稱，搶眼的寶藍色讓人眼睛一亮／ AX

7 圓領復古外套讓妳可以很有溫柔的感覺，帶有卡其的顏色在搭配上有更多選擇／ AX

9 紫色是派對服裝的主色之一，連身洋裝更是雞尾酒派對的基本款式／ Baiter

8 典雅緹花布所呈現的古典感是別種布料表現不出來的，顏色上也有古典的風格／ Tara Jarmon

10 柔美的傘狀上衣搭配長褲會有意想不到的性感氣質／ 法國娃娃

Cocktail party

葉珈玲

已經是本地很成功的服裝設計師之一，風格清楚，品項完整，從設計師本身旅行或生活中所體驗延申出的服裝風格也相當受到消費者的肯定，從早期作品中大量運用紗質層疊出女性浪漫特質，到近期作品趨於兼具實穿跟局部強烈設計感的風格，可以說是讓服裝同時擁有多種面貌並統一呈現在同一品牌當中。

特有的顏色運用讓人可以一眼就看出「葉珈玲」服飾中甜美溫婉的形象，企圖重新將女性整理出屬於個人特質的服裝風格，以及成熟地將布料作各式各樣的變化，嘗試在不同的服裝結構中開發出布料對於設計的延展性，剛柔並濟一直是這個品牌的品牌精神，在這樣的雞尾酒派對所要強調的線條簡單，典雅大方的訴求是不謀而合。

Cocktail party

Fornarina

來自義大利，相當受到年輕女性所歡迎的品牌，在本地剛開始以鞋子聞名，近年更讓所有少女風靡於她的牛仔褲，包括顏色用色大膽，剪裁強調出女性曲線的美感，風格上是一般街頭品牌，卻又因為顏色的使用跟搭配，讓「Fornarina」始終可以流露出濃濃的女人味，不論是在穿搭上或是單品的豐富性可以滿足任何想要表現甜美風格的女性消費者，一些細部的設計，包括蝴蝶結、花朵等都是「Fornarina」想要表現出來的女性符號性，這樣的設計對於服裝上可以增加粉嫩氣息，在搭配上也因為用色大膽讓你在顏色比例上更加清楚，也可以讓你回到少女時期迷濛戀愛滋味的穿衣心情。

當然在服裝設計上「Fornarina」也有很多讓人意想不到的驚喜表現，像是棉質產品的多樣化就是跟其他品牌截然不同的特點，還有一些復古元素濃厚的單品也讓人像是近了時光隧道，另外像是單品種類的選擇性多樣也是推薦的重點。

The Power of Plants
BOTANICS
WHITENING 24 HR
CONCENTRATE GEL
CLARIFYING
The Power of Plants
BOTANICS
WHITENING
CLARIFYING
The Power of Plants
BOTANICS
PORE PERFECTING
CLAY MASK
CLARIFYING
No7

What to makeup
派對化什麼

How to
makeup

★**派對變裝大公開** 當你的派對造型能搭配完美彩妝，包準可以輕鬆打敗衆家美女，成為派對中最閃耀的一顆星！然而，要怎麼在琳瑯滿目的彩妝品中選擇適合的，或在各大報章雜誌的彩妝趨勢中，學會化一個合於各樣派對的彩妝？讓我們教教大家，如何簡單快速地完成派對彩妝，不但兼顧實用更能掌握不敗的流行感受。

在學會化派對妝之前，得先跟大家講解一下，關於派對彩妝的幾個重點。第一：一定要化底妝。第二：顏色跟線條都要加重。第三：選擇較防水持久的彩妝用品。第四：選擇帶有光澤度的產品。以上四點就是最基本也最實用的彩妝秘訣。

一、超完美立體底妝化法

為何一定要化底妝呢？因為如果一個完美的彩妝沒有底妝的襯托是無法表現出彩妝品的特色，尤其是派對場所都是昏暗的燈光，所以在表現派對彩妝大多是要強調出「光澤度」的部份，所以如果妳的底妝不夠完美就可能會讓整個妝容看起來像是生病一樣，甚至那些帶有亮度的彩妝一不小心會讓你誤以為是臉出了油脫妝一樣，所以除了要選擇符合自己膚色的粉底顏色是基本的之外，能夠創造出完美立體感的底妝才是學會化派對彩妝的第一步。

要表現立體感的妝效，可以充分運用粉底，選擇至少兩色的粉底或者更多來創造立體感，又或者選用高明度的遮瑕膏也是一種方法，當然妳也可以選擇利用彩妝顏色來創造立體感，譬如修容的顏色等，但畢竟那是比較傳統的化妝法，相對地也會比較失真。

☆底妝技巧步驟

1 選擇三款粉底顏色，包括「自然膚色」「稍淺膚色」「修容膚色」三種可以創造出立體的底妝。

2 將自然膚色的粉底利用海綿粉撲以打圓的方式均勻打滿全臉

4 將稍深膚色粉底在從髮際處周圍或是顴骨、下顎骨等部位需要修飾處做重點暗影的表現，而針對不同的臉型要做適度的調整

3 將稍淺膚色（偏象牙色或淺一號的粉底）粉底利用按壓的方式在下眼瞼以及T字部位還有下巴處做高明度的表現

5 如果發現臉上有小瑕疵，包括斑點或痘痘等，可以局部利用小筆刷沾一點遮瑕膏做修飾

6 再利用蜜粉做定妝的動作，利用粉撲大粉刷或大範圍地在臉上做定妝動作

Tips 底妝小祕方

派對彩妝除了要兼具時尚感跟實用性之外，持久度也很重要，所以在做底妝的時候，蜜粉的運用除了可以用彩色蜜粉做膚色調整，更重要的是大量的蜜粉可以有效幫助底妝的持久度，另外上底妝的技巧部份，在T字位置比較容易脫妝的位置，用按壓的方式來上妝更能有效延長底妝的持久度。

☆底妝推薦品

1. 草本概念粉底霜
2. No7柔亮妝前保濕霜
3. No7勻緻兩用粉餅
4. No7絲容蜜粉餅
5. No7柔嫩蜜粉
6. 草本概念亮眸修飾筆
7. No7快捷遮瑕筆

二、超神奇夢幻眼妝化法

東方人的眼睛大多是單眼皮或是內雙，就算是雙眼皮的人也都會有眼皮浮腫的狀況，我們的眼睛不像外國人的眼睛有自然深邃的眼窩，所以創造立體感的眼妝同樣也是東方女性都應該要學會的化妝技巧，這裡提到的眼妝，包括眉型的掌握，眼型的化法，還有睫毛的重要性，有了完美的眼妝，你會發現你在搭配其他彩妝也會變得得心應手，因為當妳整個眼神出來後，彩妝的精神自然也就會表現出來，相對地五官也會自然變得立體。

☆眼妝技巧分析

1 化眉毛要先從眉峰下筆，這樣可以幫助掌握眉型，然後化到到眉尾收筆

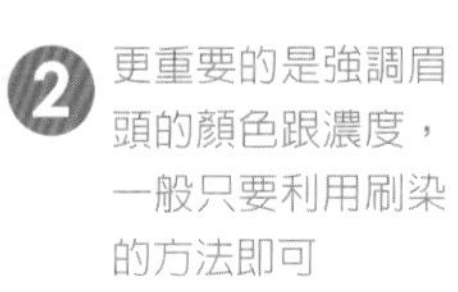

2 更重要的是強調眉頭的顏色跟濃度，一般只要利用刷染的方法即可

3 眼影打底可以利用霜狀眼影或一般中性色的眼影顏色來打底

4 重點色可以用單色漸層來完成，比較容易上手也必較不會出錯

5 在睫毛根部可以再用同色系較重的顏色做加強

6 在睫毛根部化上眼線，派對彩妝建議使用眼線液比較不容易暈染

Makeup

7 眼線可以在眼尾做拉長的動作增添女人味，也可以在眼中做加寬幫助眼型弧度

8 先夾睫毛，再刷上睫毛膏

9 可以將睫毛膏用直立刷法，讓睫毛看起來更濃密

10 必要時也可以加上假睫毛，讓你的雙眼更具魅力

Tips 眼妝小祕方

很多人在化眉毛的時候都只顧著強調眉型的弧度，卻忽略了眉頭間距，其實只要強化了眉頭的顏色跟濃度，可以讓臉部的立體感出現，因為眉間的距離拉近了，相對地鼻樑的立體度會自然表現出來，再來是眼影的表現上，很多傳統化法會強調眼尾倒鉤的化法，可是現在比較少有這樣經典眼影化法，現在只要掌握顏色的層次感就能夠創造立體的眼妝。

☆眼妝推薦品

1

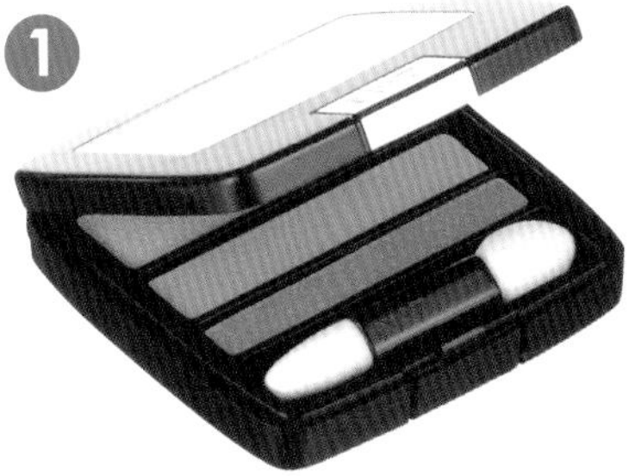

2

3

4

5

Makeup

1. No7完美眼彩三色
2. No7完美眼彩三色
3. No7眉睫凝膠
4. No7精緻眉筆
5. No7精緻眼線液毛筆
6. No7精緻眼線筆
7. No7纖濃睫毛膏
8. No7纖長防水睫毛膏
9. 草本概念亮眸纖濃睫毛膏

三、超快速派對改妝法

現代人有很多機會參加派對，不過不是每個人都可以有那麼多時間去化妝做頭髮，尤其很多人都是下了班直接要去派對，所以要怎樣快速又簡單從上班妝直接改成去派對的彩妝變成是大家最迫切想要學會的！

一 可以利用白色蜜粉增加臉部立體感

二 減弱眉毛的濃度或改變眉毛顏色，才可以突顯派對彩妝中眼妝的重點

三 加深眼影顏色及加粗眼線寬度，讓眼睛成為彩妝重點

四 加上帶有亮片的眼影，這樣是比較直接有變化的妝彩

五 將腮紅顏色改成偏粉紅的冷色調，在昏暗的燈光較能顯出紅潤好氣色

四、超持久彩妝六步驟

一 大量的蜜粉可以讓底妝持久

二 用指腹按壓眼妝可以讓顏色飽和不易掉色

三 利用唇線筆可以幫助唇蜜的色澤持久

四 化完唇膏用面紙輕輕按壓再上一次唇膏

五 隨身利用噴霧化妝水也可以讓妝彩更持久

六 睫毛夾用吹風機加熱可讓睫毛更加捲翹不易變形

25

How to do
派對做什麼

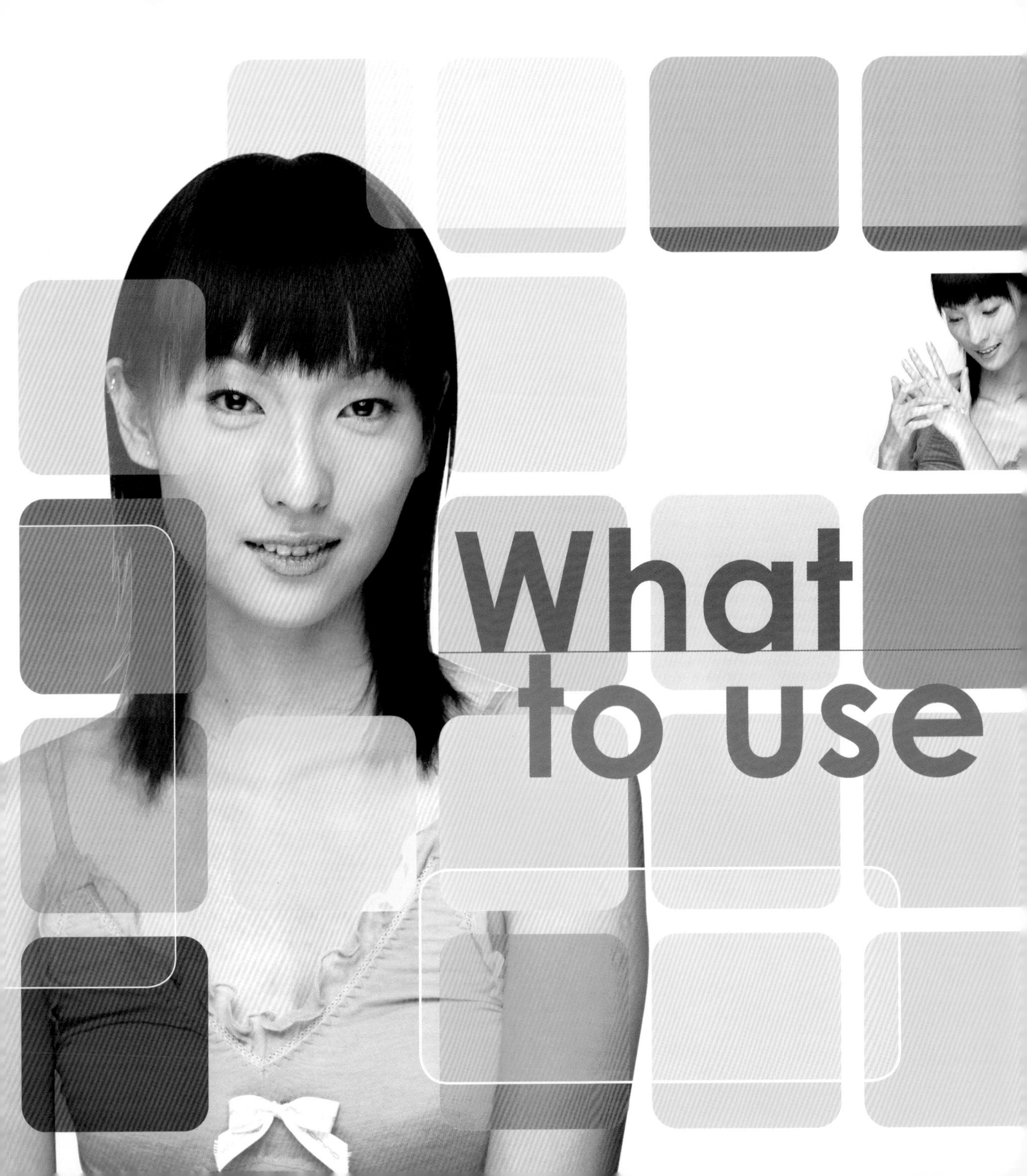
What
to use

★派對前妝保養秘訣 除了基礎的保養之外，很多時候由於肌膚的狀況不一，我們也應該有一些機動性的保養觀念，這樣更能掌握自己的保養機制，一般居家保養在此我就不多做贅述，特別針對派對前的妝前保養以及派對後的急救保養，在此來跟大家來做說明。

一、派對前的妝前保養

所謂妝前保養是針對化妝前可以幫助彩妝效果的保養祕訣，很多人在做居家保養時，大都會瓶瓶罐罐地按部就班做保養，可是事實上在所謂化妝前還可以有一些妝前保養是可以幫助彩妝的完妝度跟持久度，這是很多人都會忽略的，而掌握了這些妝前保養，保證讓你在派對上可以不用再頻頻補妝唷！

❶

❷

❸
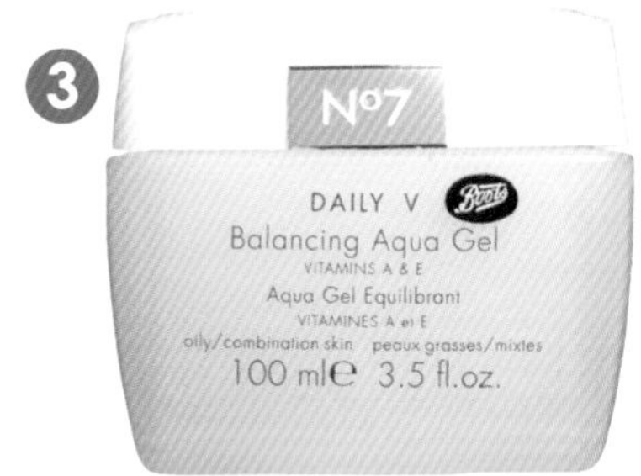

❹

6
5
7
8
9
The Power of Plants
BOTANICS
PORE PERFECTING
CLAY MASK
CLARIFYING
COVER UP 5 m
The Power of P
BOTANI
ORE PERFECTING
LEMISH WAND
ISH SOLUTION
FACE
BOTANICS
VITAMIN RECOVERY MASK
FACE
BOTANICS
The PURE POWER OF PLANTS
ULTIMATE LIFT EYE GEL
GRAPEFRUIT
BODY
BOTANICS
The PURE POWER OF PLANTS
FIRMING BODY GEL

1. No7日夜修護眼霜
2. No7瞬間賦活面膜
3. No7純淨平衡凝膠
4. 地中海多元滋養霜
5. 草本概念毛孔勻緻雙效去瑕棒
6. 草本概念毛孔勻緻礦泥面膜
7. 草本概念維他命復活面膜
8. 草本概念緊實眼膠
9. 草本概念緊實美體凝膠
10. 地中海身體去角質奶酪
11. 草本概念柔膚去角質凝乳
12. 草本概念淨白防曬日霜SPF15

Tips 妝前保養

每天在用化妝棉拍打化妝水後，可以將沾滿化妝水的化妝棉當作面膜每天敷，你會發現你的臉隨時都是水水的，另外像是臉唇部位擦完保養品一定要用掌心按摩一下，這樣可以幫助保養品吸收。

二、派對後的急救保養

我相信這也是很多人都會發現的事，經過一晚的派對之後，很多人的肌膚狀況都出了問題，由於派對場所大多是空氣不好的地方，酒酣耳熱之後的皮膚也就不再吹彈可破，所以第二天起床要出門上班時才發現皮膚狀況不好，所以在這裡要跟大家介紹一些可以馬上立竿見影的保養方法！

Maintain

4
Nº7
DAILY V
Revitalising Cleanser
VITAMINS PRO-B5 & E
Démaquillant Revitalisant
VITAMINES PRO-B5 et E
normal skin
peaux normales
200 ml℮ 7 fl.oz.
5
Nº7
POSITIVE ACTION
Whitening Day Cream SPF20
50 ml℮ 1.69 US Fl. Oz
6
POSITIVE ACTION
7
Nº7
POSITIVE ACTIC N
Whitening Intensive Eye cream
Helps reduce the appearance of fine lines and wrinkles
25 ml℮ 0.84 US Fl. Oz

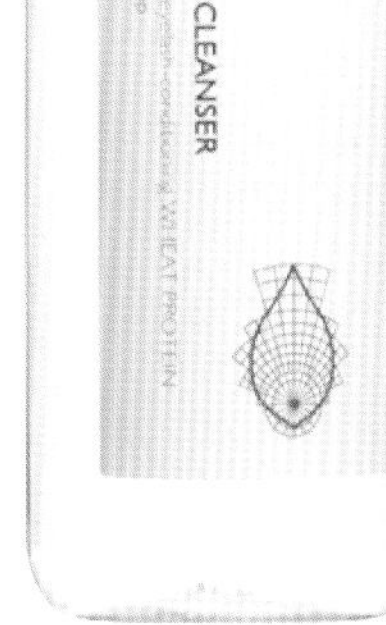

1. No7活顏V保溼菁華霜
2. No7活顏V活力滋養面膜
3. No7活顏V純淨晚霜
4. No7活顏V賦活潔顏乳
5. No7雪白防曬日霜
6. No7雪白高效精華液
7. No7雪白強效明膜霜
8. 草本概念毛孔勻緻夜間修護霜
9. 草本概念淨白全日精華露
10. 草本概念眼部卸妝液

Tips 急救保養

如果皮膚狀況經過熬夜之類的問題變得比較乾燥，可以將乳液或精華液加在粉底裡，可以幫助你第二天上妝的延展性，可以用逆著毛細孔的方式來上也可以幫助疲憊肌膚來吸收保養品。

How to hairdo
派對弄什麼

New look
of the best

★**捲髮** 改變髮型，尤其是派對造型，最簡單的方式就是把頭髮弄捲，因為通常弄捲後的髮型會讓人有截然不同的視覺感受，第一是變得比較有女人味，通常我們對女性化的符號性就是捲曲的髮絲，所以如果可以學會把自己頭髮弄捲，妳就踏上了「party queen」的第一步。

Permanent wave

將頭髮用中尺寸的電棒捲曲後呈現出猶如空氣般的捲度，局部將底部拉鬆，保留兩側捲曲的弧度，製造一種野性的女人味，搭配細肩帶洋裝可以呈現獨特風格。

可以利用大尺寸的電棒整頭上捲，或是在睡前把頭髮先紮上辮子，第二天鬆綁就可以有這樣復古洋娃娃的效果，可以搭配比較高腰身的造型凸顯髮型的特色。

最簡單的方式是用扭轉的方式夾定頭髮，然後放上慕絲固定再烘乾，最後用手指頭將頭髮抓鬆即可，感覺不對稱的髮型可以搭配比較有個性像是牛仔系列的服裝來搭配。

先將頭髮上捲，之後再利用扭轉的技巧將髮型定型，髮尾不經意的留白讓髮型自然有型，不論長短髮可以呈現這種混搭風格的髮型，服裝上搭配有年代流行風格的造型最為適合。

New look
of the best

★**編髮** 一般來說，編髮通常是比較像是民族風的造型才會出現，不過在這幾年國際服裝秀場上大量地出現編髮，不論是點綴式的編髮，或是表現民族風格的傳統編髮，運用編髮的基本技巧確實可以讓妳的髮型簡單擁有國際感，編髮也可以很簡單，隨性紮個辮子配上一些水鑽髮飾也會有華麗的感覺。

Bunch

利用真髮跟假髮交叉編在一起，可以編出各式各樣的造型，要狂野的感覺可以讓真髮做一些刮蓬的效果，要可愛一點就把真假髮都收得乾淨一點，這適合搭配剪裁比較簡單的造型。

除了編髮外還加入了髮色的變化，不收邊的編髮就像服裝一樣可以創造出流浪的氣息，髮型跟著服裝的特色進行，讓造型更能一體，搭配多層次的服裝就可以選擇這樣的髮型。

三股編也可以創造不同的視覺效果，三股編的立體掌握度可以隨著髮型做變化，將支撐點做弧度的改變就可以讓髮型更與衆不同，晚宴造型最適合做一些髮型的變化，誇張中又遵循著編髮的傳統風格。

New look
of the best

★造型 在派對造型中，髮型很容易被凸顯出來，運用到假髮造型是大家以為最好掌握的，很多人會去那種假髮店買一些特別的髮型或是髮色來變化造型，可是事實上，要巧妙利用假髮來跟真髮結合是非常不容易，所以平常可以多加練習，真真假假，非要弄個以假亂真才行。

維多利亞時代的復古髮型，這是一款改良式的髮型，維持復古的神韻加上現代化的手法，成功打造出同時具備浪漫跟寫意的感覺，服裝上可以是很女性化的拖擺晚裝，也可以是很極簡的黑色小禮服，搭配典雅的蕾絲禮服更是完美。

很多時候，我們都會執著於髮型的特色在於對稱，事實上有些時候的不對稱也會是一種美感，連接線不對稱會有一種童話的感覺，穿上粉色的服裝會有一種夢遊仙境的感覺。

戲劇化的幾何造型一直是髮型變化中被大量運用的，局部接上假髮，可以呈現出很不一樣的效果，加上挑染的髮色在派對上一定會是最醒目的，如果是主題式派對不妨可以嘗試看看。

New look
of the best

★髮色 每年流行的髮色都不太一樣，但是我通常都會建議大家找到適合自己的髮色就好，因為每個人的膚色不同所適合的色其實就不盡相同，冷色系適合五官立體，膚色健康的人，暖色系適合五官可愛秀氣，膚色白皙的人，還有一些譬如說像是挑染可以幫助層次等，甚至幫助臉型的修飾，這是很多人都不會去注意的，所以髮色寧可只選擇適合自己的就好。

橘紅色調的髮色可以讓東方人的膚色看起來比較均勻，除了帶橘紅之外，挑染金色還可以幫助五官的立體感，低調內斂地藏在髮稍裡頭，是近幾年比較被強調的染髮風格，在服裝上可以搭配無色彩，包括黑、白跟灰，能夠凸顯出髮色的功能性。

比較鮮豔的顏色有一種莫名的復古感，很多人對於復古的元素只會不停在服裝剪裁或結構上打轉，事實上將注意力換到髮型上，或是髮色上，妳會發現原來復古感是垂手可得，同色系的漸層同時可以讓髮型的層次感表露無遺。

這樣的髮色有一股濃濃的低調內斂，集合優雅高貴於一身，線條明顯的色差表現出髮色的魅力，服裝造型上可以遵循優雅風，也可以搭上一點點的甜美，表現個性的中性風格也非常適合，甚至妳可以穿上大紅大綠的誇張服飾，讓造型跟髮型呈現衝突的美感。

What to match

派對搭什麼

Shoes

美國影集「慾望城市」中的carrie讓大家開始注意到女人對於鞋子的慾望，也開始讓大家在整體搭配上發現鞋子的重要性，往常都是一雙鞋走天下，了不起分個功能性，譬如說休閒鞋歸休閒鞋；正式的時候在換上有跟的鞋子之類的，而現在隨著大家對於流行敏銳度的增加，以及對於整體造型的講究，鞋子也變成造型上的一大重點。

不過俗話說得好：「水能載舟，亦能覆舟」我常常看到那些穿著入時或是極度火辣性感的派對美女，卻因為穿上一雙完全不搭嘎的鞋子而喪失美感，反而成為派對中的「怪咖」！我也常常看到很多女藝人在頒獎典禮的星光大道上，憑著一雙得體又大方的鞋子而艷冠群芳，所以一雙好看又好穿的鞋子對女人來說是多麼重要！

不過話又說回來，選擇一雙適合自己的鞋款比找一雙造型特別的鞋子還要重要，所以我建議大家在選擇搭配派對造型的鞋子時要考慮幾個要點！

顏色

很多人在選擇鞋子的時候都忽略到顏色上的搭配，一般來說，如果是要搭配派對風格的話，金色、銀色是不可或缺的選擇，最不建議的就是近膚色的米色啦、還有色調過重的紫紅色，因為在派對中，服裝顏色大多是比較暗的或是帶有光澤的布料，所以在搭配鞋子上也要遵循這樣的風格才不會出狀況！

款式

以繫帶涼鞋為第一選擇，因為這樣的款式容易表現出女人性感的一面，不論你是穿著怎樣的服裝，你都可以靠著一雙繫帶涼鞋表現出華麗的風格，當然這幾年大量出現水鑽或是流蘇的設計也大大提升了搭配上的質感，

另外我也很建議大家可以有一雙鮮豔的包頭高跟鞋，鞋子可以輕鬆讓你在視覺焦點上有轉移的功能，如果你只是參加輕鬆的派對，穿著上可能沒有那樣華麗顏色特別或鮮豔，這樣的高跟鞋可以增加自己的造型魅力！

保養

很多誇張造型的鞋子是很需要保養的，畢竟那些派對風格的高跟鞋不是每天都拿出

來穿，所以在保養上也應該多下工夫，在這裡先教大家幾個簡單又快速的保養方法。

第一：準備溼紙巾！如果有一點點污漬，可以第一時刻先用溼紙巾擦拭！

第二：一把舊牙刷！如果遇到有皮草或是麂皮的鞋子，利用舊牙刷順著同方向可以做簡單的清潔！適合用在你派對完回家馬上可以做的保養工作，一個小動作，你會發現那幾雙鞋可以多穿好幾季唷！

What to buy

派對買什麼

不但充滿女性甜美風格且帶童趣風味

SONIA RYKIEL

「SONIA RYKIEL」是最能表現法國巴黎左岸女人的獨特高傲態度跟匯集所有左岸人文氣質的服裝品牌，一直都維持著優雅而又性感的「SONIA RYKIEL」總是不斷創新跟突破，不但在款式設計方面有很多創意，更是在材質上讓人驚喜不斷，成功結合皮草、針織跟雪紡，讓女性風情可以透過混搭有不同的面貌，不論是要純真無邪或是想要成熟韻味，「SONIA RYKIEL」都運用了不同的材質表現出不同的服裝語言。

每一季都會出現的有趣設計，包括最經典的紅唇造型圖案，還曾經有過各類水果圖案、蝴蝶結、吉他等等圖案，這也表現出「SONIA RYKIEL」充滿童趣的品牌文化，將衝突的美感表現在服裝上也是「SONIA RYKIEL」的特色之一，當然不可或缺的針織材質也是「SONIA RYKIEL」備受矚目的一大特點，包括同色不同款的針織服裝，或是將針織結合其他材質等，都可以清楚明顯地看出「SONIA RYKIEL」的品牌象徵。

設計師桑麗卡夫人備受美國雜誌推崇，被封為「針織女王」，她發明的無襯裡跟車線外露也讓

「SONIA RYKIEL」在服裝界更上一層樓，她獨特的時尚哲學認為女性不應該隨波逐流，而是該穿出自己的品味，當然「SONIA RYKIEL」最為經典的還是針織系列的單品，她的迷人魅力來自於剪裁，針織的產品穿在身上非常舒服，會讓人曲線畢露，讓你擺脫對針織產品的刻板印象，在顏色的搭配上，條紋針織也是「SONIA RYKIEL」的特色之一，色彩都以黑色混搭著各式顏色，讓簡單的條紋線條變得豐富有趣，桑麗卡女士還嘗試將亮片跟針織結合，表現出一般針織單品不容易表現出來的華麗風格，讓你也可以在派對上不但耀眼無比還與衆不同。

而在品牌的表現上，1999年所推出的副牌「SONIA」也承襲了「SONIA RYKIEL」一貫的品牌精神，甚至還多了點法式的街頭文化，多一點戲謔的風格，沒有包袱的輕鬆流行感，可以混搭出各種不同的風情，也可以有更多的甜美，甜到讓你不捨得放手。

派對中的良伴，兼具實穿與風格，狂野不羈又大膽

義大利設計師 Roberto Cavalli 的副牌「Just Cavalli」也同樣擁有跟正牌「Roberto Cavalli」的華麗風格，設計師曾經表示：「生命就應該非常美好，所以要用最具想像力的方式來享受人生」所以他會選擇用奢華設計來實踐他的人生哲學，他企圖創造一種積極正面、享受人生的流行風格，而「Just Cavalli」還更多了點叛逆的年輕氣息跟龐克風格。

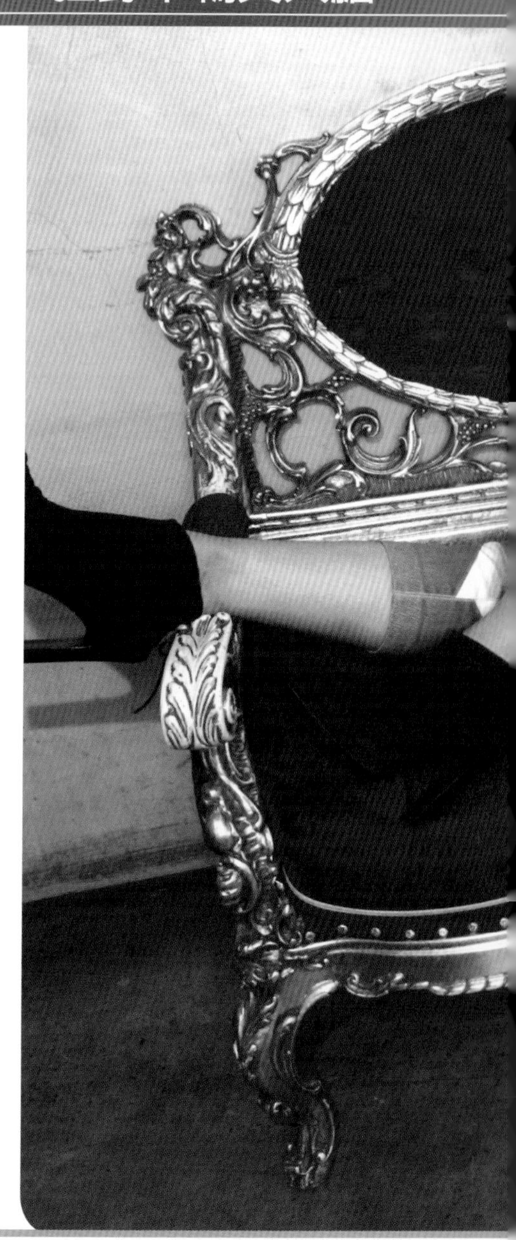

Just Cavalli

「Just Cavalli」結合音樂跟服裝，讓衣服充滿動感跟旋律，包括在剪裁、顏色、圖案上都有很一種很「Cavalli 式」的節奏特色，完全是力與美的結合，剪裁立體感一直都是「Just Cavalli」的特色，強調腰線設計讓女性性感輕鬆呈現，大量運用牛仔布料也是「Just Cavalli」表現華麗的方式，將牛仔布料的符號性轉化為奢華的象徵，加入珠片寶石跟圖騰變化讓牛仔不再只是休閒裝扮的表現，「Just Cavalli」一直都是很瘋狂地讓布料發揮不一樣的功效。

除了這些，女性化十足的洋裝也是「Just Cavalli」蠻值得投資的單品，因為強調女性性感特質的洋裝在表現上可以很大膽；更可以很柔美，單穿的時候呈現出最女人味的裝扮，搭配外套卻又有一種很個性化的中性華麗感，服裝上的線條，刻意解構讓身體可以有各種方式的裸露但卻不會流於低俗，這就是設計師高超的設計風格。

而最「Cavalli」的經典圖騰就是豹紋、斑馬紋以及繁複絢麗的花卉圖案，在「Just Cavalli」中還多了些變形的突破，不但讓圖案跟線條的融合在一體，這樣更能顯出「Just Cavalli」的年輕活力，也再再吸引大家的目光跟注意，一直以來「Just Cavalli」都是很受歡迎，尤其是那些不願意在派對中跟大家撞衫的人，強調出個人特色，表現個人搭配眼光的都會選擇「Just Cavalli」，合身表現性感，圖案表現風格，甚至在身材上也很挑人穿，多一分則太多；少一分則太少，「Just Cavalli」表現出時尚人士的獨特品味也讓大家更能接受專屬於義大利式的熱情。

GF Ferre

設計師 Gianfrano Ferre 跟 Giorgio Armani 、Gianni Versace是並列義大利的時尚代表「3G」，而 Gianfrano Ferre是設計風格非常明顯的設計師，他所設計的服裝都強調細節的恰到好處，讓整體服裝風格簡潔卻又優雅，設計師專注在建築美學影響著他個人所設計的服裝風格，設計師從來不願甘於平淡，所以在創造品牌精神上強調打破性別界限，創造出中性魅力，一股美麗的剛柔並濟風格。

大量來自軍裝風格的設計，「GF Ferre」在設計師手中軟化了男性特質，擷取軍裝的靈感，創造出專屬於女性的軍裝風格，包括在服裝的剪裁，細部的設計還有顏色的配搭，「GF Ferre」讓女人呈現個性化的一面，不過「GF Ferre」不滿足只有單方面面貌，還有英國風的設計，從格紋的符號性；蘇格蘭徽章跟學生風格的百摺裙等都是「GF Ferre」所要呈現的女性多變性格。

一直強調無性別的「GF Ferre」在服裝上沒有特別去突破解構男女裝的差異，反而運用男裝的剪裁放進女裝的設計，或是讓女裝的裝飾性加入男裝的結構，讓男女裝的界限模糊是「GF Ferre」的品牌特色，適度的性感也是一個很重要的設計，模糊視覺焦點最快的方法就是將綴飾佈滿衣服，牛仔布料加上蝴蝶結的設計就是一個很好的示範，搭配上也強調不受拘束，所以裙褲的分別不大，多了許多五分或七分的褲子或裙子企圖營造出更加無性別的設計感。

所以如果想要在派對上表現自我意識，「GF Ferre」應該是不錯的選擇，讓人摸不透也抓不著的服裝語言，會讓人充滿魅惑的吸引力，顏色上低調不奢華更是能夠清楚表現服裝結構的單純，線條剛毅的立裁把女性的曲線隱藏，更是讓人無比遐想，「GF Ferre」要表現的不是濃烈的感官觸覺，而是要散發致命的迷惑精神。

有著華麗而又誇張的風格，專門創造女性魅力

Fendi

這是這幾年鑾受到本地消費者注目的品牌，除了大家都知道最有名的是皮草之外，幾次成功推出的配件配飾也讓「Fendi」成為貴婦名媛的最愛品牌。

創立於1925年，到現在已經有80年歷史的「Fendi」，最廣為人知的就是精湛的皮草製作，當然現在高漲的環保意識讓皮草日漸式微，但大家不可否認的「皮草」還是最容易表現奢華風格的單品，而由於往常的皮草都是比較笨重的，「Fendi」特殊的皮草織法讓皮草進入時裝化，這是時尚界一個很大的突破，這樣的突破也更加穩固「Fendi」在時尚界的地位，現在不但皮草有名，連帶的連服裝、皮件等也成為市場上佔有率很高的單品。

TODAY
KING OF

一直以來，「Fendi」的時裝也都有著一股貴氣的感覺，不論是在顏色上或是剪裁上，甚至連材質上，「Fendi」都能夠掌握到華麗的氛圍，顏色上常常可以看見各式各樣的紫色調，紫色在色彩上本來就是比較神祕，比較有距離的顏色，表現奢華的感覺，紫色就是一個很重要的顏色，「Fendi」的紫除了華麗之外，也有點溫柔，尤其是穿插在鑲滿珠寶的上衣上，運用顏色本身的符號性加上服裝設計上的巧思，「Fendi」讓女人更充滿魅力，不過卻沒有咄咄逼人的侵略性。

明顯的logo也是「Fendi」在品牌辨識上很重要的一環，從1995年開始將logo運用在皮包襯裡之後，「Fendi」大logo成為她很重要的標示，連鞋子、皮件、皮包、衣服都有這樣的基本款，當然除了這些所謂基本款之外，「Fendi」這幾年備受矚目的還是手拿包，尤其是在1997年所推出的貝貴手提包，靈感擷取自法國麵包，扁平又小巧，在扣環上的 F 字樣簡直讓這款包成為「Fendi」近年來的經典作品，所以在派對上，如果手拿一個「Fendi」的包包也就表示妳跟貴婦的距離越來越近。

YSL

這是一個超級經典的品牌，甚至可以說是代表法國流行文化的品牌之一，獨一無二的優雅風格是「YSL」的既定印象，在被 Gucci集團收購後，有了一些變化，這樣的變化有褒有貶，有人覺得「YSL」的精神不見了，也有人覺得「YSL」變得更多面貌，所以品牌的定位也因此出現變化。

長久以來，「YSL」在法國高級訂製服的市場上都一直創造潮流，包括在60年代的水手裝、鬱金香線條、還有最著名的幾何色塊的創意，還有後期的長裙、長靴等穿法，還有突破女裝規矩的設計等，都讓「YSL」成為潮流的帶動者，不過就在大家還陶醉在「YSL」的浪漫氣息當中，設計師聖羅蘭的宣佈退休也確實帶給時尚界一個很大的震撼，接著接手的還是備受注目的 Tom Ford ，Tom Ford 確實也讓全世界的時尚人士對「YSL」重新改觀，包括從設計風格的丕變，到經營模式的轉變等，「YSL」給大家的印象也從一個端裝淑女搖身一變成為百變女郎。

這幾季強調的民族風格，融合各地民族色彩的設計，「YSL」成為一個很有創意的品牌，經典不變地在布料上的講究，再加上設計師強烈的設計風格，「YSL」備受注目的已經不只是經營權的轉變，反而成為大家熱烈討論的品牌之一，像是一些視覺性強的服裝通常都會成為派對中最搶手的單品。

其實 Tom Ford 帶給大家全新的「YSL」中，還是在某種程度上有著對設計師致敬的意味，因為有別於其他品牌，像是 Gucci 的不按牌理出牌，在Tom Ford 操作的「YSL」還是很有經典的感覺，部會只是一味地嘩衆取寵，有些作品還有一點點安靜的神秘感存在著，顏色上不會有特別純正的色調，顏色上帶有一股濃濃的懷舊色彩，設計上也都還是保有「YSL」應有的優雅風格，雖然現在 Tom Ford 已經離開了「YSL」，老瓶新裝的戲碼還是會繼續上演，設計師聖羅蘭的退休應該不是品牌的結束，應該是品牌再出發的使命。

Champagne

Gucci

大家都知道「Gucci」曾經是一個跌到谷底的品牌，經過商業機制的操作，才讓「Gucci」起死回生，而這個最重要的人物就是 Tom Ford ，雖然他已經退出「Gucci」，但他將「Gucci」帶進另一個高峰，絕對在時裝史上留下不朽的名聲，1995年是「Gucci」的轉運年，結合經典設計風格與現代思惟的「Gucci」成為派對男女或是時尚名人的最愛品牌，幾季讓人回味無窮的設計風格，Tom Ford 都讓人們對「Gucci」著迷，Tom Ford 所呈現出來的女性都是性感無比，嫵媚撩人，連男性也是如此，穿上「Gucci」的性感是有侵略性的，有著絕對自信的。

「Gucci」除了服裝迷人之外，配件上也都屢創佳績，尤其是女鞋更是女星們的最愛，在鞋楦頭跟鞋跟上，會讓人產生一股引誘的氣氛，穿上「Gucci」女鞋的雙腿都會特別地性感，幾款經典的高跟鞋也都成為大家變身美女的標準配備，另外像是包包也很受歡迎，選擇上多樣化是品牌成功的祕訣之一，不論是要實用性強的各式包款，或是要搭配華麗服裝風格的派對用包，「Gucci」都成功掌握市場的需求，最經典的竹節把手更是品牌的一大代表作。

一直都強調歡樂氣息跟華麗風格的「Gucci」在剪裁上把女性身體的凹凸都一覽無疑，這樣的服裝風格也讓女性們都趨之若鶩，很多國內外的大型的頒獎禮，

「Gucci」都是女星們的最愛，講究質感的呈現，包括布料的選擇都是「Gucci」成功的因素，結構上表現立體度，款式上表現低調的設計感，我們都把「Gucci」歸類在奢華華麗的範稠裡，事實上強調實穿性也是「Gucci」的重要目標，我們常看到「Gucci」在晚裝上的表現，事實上「Gucci」的一些基本款更是值得大家下手的單品。

「Gucci」的成功，很多人都歸功於Tom Ford 身上，透過全球統一的櫥窗以及形象廣告，「Gucci」成為所有鎂光燈的焦點，除了引領潮流，更凸顯出全球化的重要性，一個品牌的建立與成功來自於決策者的決心跟魄力。

後記

一本書要完成得感謝多方幫忙，有了先前的經驗，這次在執行上更加順手。

先要感謝攝影師小趙（趙志誠）還有他的助手們，合作越多次，默契自然就會越好，快準狠是小趙的特色。

再來要謝謝我的助手Jade，沒有妳我還真是斷手斷腳，隨然我是妳老闆，我們還是要隨時教學相長，求進步呀！

藝人的大力幫忙一直是讓我最感動的地方，包括：

曉晰，認識那麼久，妳一直是我的心靈伴侶，哈哈哈！

欣惠，妳是很好的衣架子，學成歸國的妳更有時尚感！

文惠，妳舉手投足表現出來的架勢，都讓我很有信心！

容庭，雖然妳第一次做這些造型，但還真是適合妳呀！

服裝廠商的協助更是這本書完成的關鍵，因為要介紹更多服裝品牌給讀者，我這次拿出協調的本事，加上包括公關公司、服裝公司企劃等相關人員都很幫忙，才可以讓這本書的拍攝得到更多資源這部份我真的銘記在心。接著下來我還有其他出版的計畫，也更加考驗著我協調的功力。

最後，還是要謝謝葉子出版的企劃們，你們都辛苦了！雖然製作期間，在溝通上有很多狀況，但是最後都應刃而解。

要謝謝的還有很多，最感謝的還是喜歡我、支持我的人。

沒有人天生成功，如果沒有努力與堅持，就不會有結果。

我的每一次，都要大家的支持。

真的，由衷地，謝謝大家。

2005.01待續

全新「Boots Botanics草本概念毛孔匀緻礦泥面膜」，使膚質瞬間細緻無暇。

膚質好壞與否，關鍵在於毛孔。Boots以劃時代的草本科技，由國際知名的草本植物權威—倫敦克佑皇家植物園核准印鑑成份，研發出全新『Boots Botanics草本概念毛孔匀緻礦泥面膜』，蘊含多種功效卓越的天然草本成分；精選迷迭香粹取精華，能深層清潔，即時暢通及收細毛孔；另蘊含來自亞馬遜河域之深化海泥，能幫助加速肌膚自然更新，重整肌膚紋理。Boots Botanics草本概念毛孔匀緻系列另含牛蒡，柳樹皮等多種天然植物粹取精華，有效淨化平衡肌膚。全系列配合使用，更能顯著收細毛孔，使膚質回復細緻光滑。

Boots：擁有150年專業藥妝背景的英國保養品

Boots專櫃：116家屈臣氏 台北華納威秀 微風廣場 台中老虎城 台中新光三越 台南新光三越 Boots 客戶服務專線：(02)8772-1413 www.bootsretail.com.tw 北市衛妝廣字第93061

根

以讀者爲其根本

用生活來做支撐

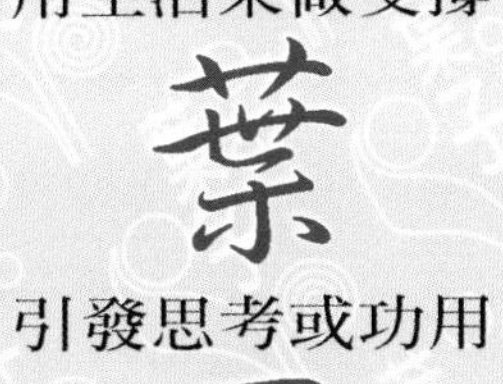

引發思考或功用

獲取效益或趣味